Subhashini N.
Kavin R.
Selvanayakam A.

Sistema inteligente de monitoramento e controle da indústria usando IOT

Subhashini N.
Kavin R.
Selvanayakam A.

Sistema inteligente de monitoramento e controle da indústria usando IOT

Imprint
Any brand names and product names mentioned in this book are subject to trademark, brand or patent protection and are trademarks or registered trademarks of their respective holders. The use of brand names, product names, common names, trade names, product descriptions etc. even without a particular marking in this work is in no way to be construed to mean that such names may be regarded as unrestricted in respect of trademark and brand protection legislation and could thus be used by anyone.

Cover image: www.ingimage.com

This book is a translation from the original published under ISBN 978-620-7-44793-0.

Publisher:
Sciencia Scripts
is a trademark of
Dodo Books Indian Ocean Ltd. and OmniScriptum S.R.L publishing group

120 High Road, East Finchley, London, N2 9ED, United Kingdom
Str. Armeneasca 28/1, office 1, Chisinau MD-2012, Republic of Moldova, Europe
Printed at: see last page
ISBN: 978-620-7-01070-7

Índice

RESUMO 2

CAPÍTULO 1: INTRODUÇÃO 3

CAPÍTULO 2: ESTUDO DA LITERATURA 7

CAPÍTULO 3: MONITORIZAÇÃO DAS INDÚSTRIAS ATRAVÉS DA IoT 13

CAPÍTULO 4: INDÚSTRIAS DE CONTROLO 18

CAPÍTULO 5: RESULTADOS E DISCUSSÃO 38

CAPÍTULO 6: CONCLUSÃO 40

APÊNDICE 43

REFERÊNCIAS 51

RESUMO

A Internet das Coisas (IoT) industrial é um conceito IoT alargado que inclui a integração da aquisição, transmissão e processamento de dados de temperatura e humidade numa rede em tempo real. A plataforma IoT dá aos operadores do sistema visibilidade remota em tempo real. O principal objetivo deste projeto é fornecer uma aplicação realista que tenha sido implementada e testada num ambiente de monitorização. O sistema integra as capacidades de uma plataforma IoT que satisfaz os requisitos de aplicações em tempo real de alta velocidade, enquanto a referência para situações estáveis e transitórias é uma única fonte de tempo de alta resolução. A modernização e a automação estão a varrer o mundo, com soluções de monitorização industrial baseadas na IoT na vanguarda. A importância de avaliar o estado da indústria é vital para a segurança e a eficiência dos produtos. O objetivo deste estudo é criar um sistema de monitorização industrial baseado na IoT com sensores inteligentes. Graças à integração de grandes volumes de dados, a aplicação Blynk pode ser utilizada para monitorizar o estado de qualquer parte do planeta. A análise de dados foi simplificada, permitindo uma monitorização IoT mais fácil. A tecnologia proposta pode ser benéfica para as indústrias transformadoras. A adição de tecnologia a qualquer tipo de indústria transformadora garantirá a segurança e o bem-estar das pessoas, bem como evitará acidentes. O projeto tem por objetivo monitorizar os gases, a temperatura, a humidade, o ruído, a pressão barométrica, etc. e comunicar a informação no seu smartphone. E também informa sobre as condições nocivas para os trabalhadores. Podemos detetar os gases inflamáveis e as possibilidades de ocorrência de incêndios e acidentes, o projeto pode evitar danos à vida e à propriedade. Este projeto destina-se a monitorizar remotamente qualquer unidade de produção em termos de temperatura, movimento, humidade e concentração de gases. O programa também definiu os parâmetros e, se os resultados não estiverem dentro dos parâmetros, notificará os resultados com aviso para que sejam tomadas medidas imediatas para evitar o incêndio. A monitorização IoT permite-lhe analisar sistemas dinâmicos e analisar milhares de milhões de eventos e alertas.

CAPÍTULO 1: INTRODUÇÃO

1.1 INTRODUÇÃO

D Devido ao rápido desenvolvimento económico, a poluição ambiental tem aumentado nas últimas décadas. Esta situação deve-se principalmente aos sectores da indústria transformadora e industrial, que constituem a espinha dorsal da economia de um país. As estatísticas mostram que cerca de 50% da poluição se deve às indústrias e unidades de fabrico. Os factores bióticos e a-bióticos do ambiente são gravemente afectados pela poluição industrial. Esta ameaça também a segurança das pessoas, as suas vidas e a sua riqueza, e causa muitos problemas sociais inter-relacionados. A poluição industrial provoca muitas alterações no ambiente, como padrões de energia, radiação, constituintes químicos e físicos do ambiente. O objetivo deste estudo é avaliar os impactos socioeconómicos da poluição industrial e, em seguida, recomendar possíveis medidas para enfrentar este problema crescente de poluição que sejam favoráveis tanto para a saúde humana como para o ambiente.

1.2 MOTIVAÇÃO PARA O PROJECTO

De acordo com as estatísticas de incêndios mais recentes da Associação Nacional de Protecção contra Incêndios (NFPA), todos os anos ocorrem, em média, 37 000 incêndios em instalações industriais e fabris. Estes incidentes resultam em 18 mortes de civis, 279 feridos civis e mil milhões de dólares em danos materiais directos. Assim, se conseguirmos detetar gases inflamáveis e as possibilidades de ocorrência de incêndios e acidentes, o projeto pode evitar danos em vidas e bens. De um modo geral, a questão da poluição industrial mostra-nos que provoca a falha dos ritmos e padrões naturais, o que significa que a vida selvagem está a ser afetada de forma grave. Os habitats estão a perder-se, as espécies estão a extinguir-se e é cada vez mais difícil para o ambiente recuperar de cada desastre natural.

Os acidentes industriais graves, como os derrames de petróleo, os incêndios, as fugas de materiais radioactivos e os danos materiais, são mais difíceis de limpar, pois têm um impacto maior num período de tempo mais curto. Com o aumento da poluição industrial, o aquecimento global tem vindo a aumentar a um ritmo constante. O fumo e os gases com efeito de estufa estão a ser libertados para a atmosfera pelas indústrias, o que está a provocar um aumento do aquecimento global. O degelo dos glaciares, a extinção dos ursos polares, as inundações, os tsunamis e os furacões são alguns dos efeitos do aquecimento global. A poluição industrial continua a causar danos significativos à Terra e a todos os seus habitantes devido aos resíduos químicos, pesticidas, materiais radioactivos, etc. Afecta a vida selvagem e os ecossistemas e perturba os habitats naturais. Os animais estão a extinguir-se e os habitats estão a ser destruídos.

A quantidade crescente de resíduos líquidos, sólidos e perigosos põe em perigo a saúde dos ecossistemas e compromete a segurança alimentar, da água e da saúde. Os desastres de poluição industrial, incluindo os derrames de petróleo e as fugas radioactivas, levam anos ou décadas a limpar. A questão da poluição industrial é crítica para todas as nações do planeta. Com o aumento dos efeitos nocivos da poluição industrial, há muitas agências e indivíduos que estão a trabalhar para reduzir as pegadas de carbono e viver e trabalhar de uma forma ecológica. No entanto, a poluição industrial ainda é galopante e levará muitos anos a ser devidamente controlada e regulamentada. Muitas medidas podem ser tomadas para procurar soluções permanentes para o problema. Este projeto destina-se a monitorizar remotamente qualquer fábrica no que respeita à temperatura, ao movimento, à humidade e ao dióxido de carbono, etc. O projeto utiliza o Arduino Mega e o ESP8266 e vários sensores.

Com a utilização da IoT, este projeto enviará os dados remotamente para o seu e-mail /SMS sobre o tempo atual e a concentração de gases na fábrica. O programa também definiu os parâmetros e, se os resultados não estiverem dentro dos parâmetros, notificará os resultados com um aviso para que sejam tomadas medidas imediatas para evitar o incêndio... Também pode tirar fotografias enquanto envia a notificação<pela utilização da ArduCam>. Com o uso do sensor de movimento, ajudará a monitorizar a entrada não autorizada após o horário de expediente, conforme definido nos parâmetros. Este projeto usa o Blynk como servidor e aplicativo para visualizar seus dados. Planeámos usar o Arduino Cloud, mas não está disponível para o ESP8266. Este projeto também será expandido para monitorizar a saúde de cada funcionário que trabalha na fábrica, medindo a sua pressão arterial e frequência cardíaca com um futuro dispositivo wearable no colete de segurança.

1.3 OBJECTIVOS DO PROJECTO

O projeto tem como objetivo monitorizar os gases, a temperatura, a humidade, o ruído, a pressão barométrica, etc. e comunicar a informação no seu smartphone. E também informa sobre as condições nocivas para os trabalhadores. Podemos detetar gases inflamáveis e as possibilidades de ocorrência de incêndios e acidentes, o projeto pode evitar danos à vida e à propriedade. Este projeto destina-se a monitorizar remotamente qualquer fábrica em termos de temperatura, movimento, humidade e dióxido de carbono. O programa também definiu os parâmetros e, se os resultados não estiverem dentro dos parâmetros, notificará os resultados com um aviso para que sejam tomadas medidas imediatas para evitar qualquer desastre. Por conseguinte, este projeto visa principalmente melhorar o nível de segurança industrial, aumentando assim a economia e a sustentabilidade da indústria. Participa também na prevenção de avarias graves e da necessidade de manutenção frequente, o que resulta numa maior produtividade e num crescimento mais rápido. Este projeto alcançou o equilíbrio entre os dois principais componentes de qualquer produto, ou seja, menor custo e maior desempenho. Aumenta o âmbito e as aplicações deste projeto numa gama mais vasta e reduz os riscos de acidentes na indústria, conduzindo a um local de trabalho melhor e mais seguro. Deste modo, estamos a dar um passo em frente em direção ao futuro.

CAPÍTULO 2: PESQUISA BIBLIOGRÁFICA

[1] Swati Dhingra; Rajasekhara Babu Madda; Amir H. Gandomi;

Rizwan Patan; Mahmoud Daneshmand, "Internet of Things Mobile-Industry environment Monitoring System (IoT-MobEnvironment)" determinado A poluição atmosférica global é uma das principais preocupações da nossa era. Os sistemas de monitorização existentes têm uma precisão inferior, baixa sensibilidade e requerem análises laboratoriais. Por conseguinte, são necessários sistemas de monitorização melhorados. Para ultrapassar os problemas dos sistemas existentes, propomos um sistema trifásico de monitorização da poluição atmosférica. Foi preparado um kit IoT com sensores de gás, ambiente de desenvolvimento integrado (IDE) Arduino e um módulo Wi-Fi. Este kit pode ser colocado fisicamente em várias cidades para monitorizar a poluição atmosférica. Os sensores de gás recolhem dados do ar e transmitem-nos para o Arduino IDE. O Arduino IDE transmite os dados para a nuvem através do módulo Wi-Fi, o nível de poluição de todo o percurso é previsto e é apresentado um aviso se o nível de poluição for demasiado elevado. O sistema proposto é análogo ao Google Traffic ou à aplicação de navegação do Google Maps. Além disso, os dados sobre a qualidade do ar podem ser utilizados para prever os níveis futuros do índice de qualidade do ar (IQA).

[2]   Qilong Han, Peng Liu, Haitao Zhang, Zhipeng Cai, "Uma rede de sensores sem fios para monitorizar a qualidade ambiental na indústria transformadora" As zonas industriais urbanas estão altamente concentradas e a poluição atmosférica é cada vez mais grave. A quantidade de locais de monitorização da qualidade do ar exterior é insuficiente. Tendo em vista as questões acima referidas, estudos relacionados propõem soluções que utilizam redes de equipamentos relativamente baratos para recolher dados sobre a poluição e analisar com precisão a informação de monitorização local. Neste documento, um novo tipo de sistema de monitorização da qualidade do ar exterior é estudado e praticado preliminarmente, tendo provado certa viabilidade e aplicabilidade. Os principais contributos deste documento são: em primeiro lugar, melhoramos a disposição da rede utilizando a rede Zigbee, que é combinada com as características da fábrica, e recolhemos dados sobre óxido carbónico, dióxido de nitrogénio, dióxido de enxofre, ozono, partículas, temperatura e humidade, para conseguir a cobertura completa da monitorização da poluição de toda a cidade através de locais de monitorização locais. Finalmente, propomos um método melhorado de memória de curto prazo (LSTM) para prever o período de poluição da qualidade do ar urbano. Os resultados experimentais mostram que o modelo de previsão LSTM melhorado tem uma forte aplicabilidade e uma elevada precisão na previsão do período de poluição meteorológica.

[3] Ruma Ghosh, Julian W. Gardner, Prasanta Kumar Guha, "Monitorização do ambiente industrial utilizando sensores de gás resistivos próximos da temperatura ambiente: A Review". O crescimento das indústrias e de outras actividades humanas conduziu a quantidades cada vez maiores de poluentes nos espaços exteriores e interiores. Estes poluentes têm efeitos perigosos para os seres humanos e para a ecologia em geral. Assim, a monitorização da qualidade do ar (AQM) é essencial e envolve a monitorização robusta de vários gases tóxicos e compostos orgânicos voláteis (COV) - no caso de a concentração de qualquer poluente exceder o limite de segurança num determinado local. Este artigo descreve as diferentes fontes de poluentes interiores e exteriores, analisa o estado atual dos sensores de gás e discute o papel dos novos materiais bidimensionais (2-D) na deteção destes gases perigosos a baixa potência, ou seja, perto da temperatura ambiente. Aqui, analisamos diferentes técnicas de síntese de materiais bidimensionais e discutimos os desempenhos de deteção de nanomateriais puros e funcionalizados para alguns dos poluentes importantes, tais como NOX, NH3, SOX, CO, formaldeído, tolueno, etc. A revisão conclui com alguns métodos propostos para ajudar a reduzir a poluição atmosférica atual.

[4] Aravind R, Yadikiumarani, Meghna K, R Divyashree, Harshitha Naregowda "IOT based Real Time Data Monitoring for Industry" concebeu um sistema de controlo e monitorização de máquinas industriais utilizando IOT. A vigilância é o sistema de segurança mais importante em casa, na indústria, no escritório e em locais públicos. Neste sistema de segurança, a vigilância baseia-se no sistema incorporado, juntamente com o microcontrolador e as redes de sensores. O movimento humano é detectado utilizando os sensores PIR. Neste momento, o sistema dispara um alarme detectando a presença de uma pessoa num intervalo de tempo específico e envia simultaneamente o número de pessoas que são intrusos. Quando o sistema de segurança é ativado, o sensor PIR é ativado. Esta abordagem altamente reactiva tem um requisito computacional reduzido. Por conseguinte, é adequada para o sistema de vigilância industrial.

[5] G.Vinobala, M.Piramu, Dr.K.RubaSoundar "Monitoring Of Industrial Electrical Equipment Using IOT" pesquisou que os surtos de incêndio em indústrias como petróleo, produtos químicos, petróleo e gás têm um alto risco, que pode levar a uma enorme destruição, perda de propriedade e a grande maioria de todos, deficiência de vidas. É vital ter algum sistema que possa manter as instalações seguras e também informar as pessoas autorizadas dentro do tempo especificado se algum incidente ocorrer. O projeto de reconhecimento de problemas industriais baseado em IOT e Arduino destina-se a reconhecer o fogo (utilizando o sensor de fumo e temperatura) e a fuga de GPL (utilizando o sensor de gás GPL). Este projeto utiliza a IOT e envia dados para um local. A Internet das Coisas (IOT) é, basicamente, a rede de "coisas" através da qual as coisas físicas podem trocar dados com a ajuda de sensores, eletrónica, software e disponibilidade. Estes sistemas não necessitam de qualquer associação humana.

[6] Atrayee Dutta, Aditya Dubey, Snehakshi Barman ,Rupsikha Borah "Sistema de controlo e monitorização de parâmetros de equipamentos industriais baseado na IoT". O objetivo é conceber um sistema, desenvolver e implementar o conceito de Internet das Coisas (IoT) que pode ser utilizado tanto em casa como nas indústrias. É utilizado um microcontrolador que está ligado a um computador pessoal (PC), sensores, painel de relés e sensor de humidade-temperatura (DHT 11). A leitura do sensor é visualizada no ecrã de cristais líquidos (LCD). Esta leitura do sensor é posteriormente enviada para o PC através de comunicação série. Um programa executado no computador é responsável por captar os dados da porta série e descarregá-los na base de dados. A base de dados é utilizada para armazenar os dados de forma permanente. No sítio do cliente, quando introduzimos o endereço SIP (Systematic Investment Plan) do servidor Web a partir de um local remoto, este envia um pedido ao servidor Web com um URL (Uniform Resource Locator) específico. A extensão utilizada é Personal Home Page (PHP) para que o servidor possa processar o ficheiro PHP e transmitir o resultado do sítio PHP ao cliente.

[7] Kishore Kumar R, Nishanth N, Suriya Prakash S K, Dhanush Anand S B "IOT Based Industrial Monitoring System Using Arduino" determinou que o sentido do gás é muito baixo, o que significa que não o conseguimos encontrar devido à negligência humana ou à falta de paciência ou a alguma outra condição externa. Se o nível de gás for aumentado, isso causa algum desastre. 1, para evitar este desastre com antecedência, a ideia alternativa é discutida neste artigo. O sistema é desenvolvido com sensores incorporados, controladores e algum software baseado em IoT. Neste sistema, estamos a monitorizar a deteção de fugas de gás GPL com algumas funcionalidades de alerta. São utilizados alguns sensores para monitorizar os diferentes parâmetros, como os sensores de temperatura e humidade (DHT22), os sensores de gás (MQ6), os sensores de chama (LM 2903), os sensores PIR (HC-SR 501) e o módulo WiFi (ESPZ8266).

[8] Shrushti Panpaliya Nita Surayawansi ,Nikhil S. Mundane "Industrial Monitoring and Control Applications Using IOT" (Aplicações de monitorização e controlo industrial utilizando IOT). A IoT na indústria deu origem ao termo "INDÚSTRIA 4.0", em que os sistemas estão ligados entre si através da Internet e podem comunicar entre si para tomar as decisões necessárias (também designadas por comunicação M2M) através da inteligência artificial. Nesta nova era de desenvolvimentos tecnológicos, o controlo remoto e a monitorização de aplicações industriais através de técnicas de comunicação como ZigBee, RF, infravermelhos e Bluetooth têm sido amplamente utilizados nas indústrias. No entanto, estas técnicas de comunicação sem fios estão geralmente limitadas a aplicações simples devido às suas baixas velocidades de comunicação, distâncias e segurança dos dados. Além disso, são facilmente afectadas pelo ruído e por condições meteorológicas adversas, como a neve, o nevoeiro e a chuva.

[9] Li Da Xu, Membro Sénior, IEEE, Wu He e Shancang Li "Internet of Things in Industries: A Survey". A Internet das Coisas (IoT) proporcionou uma oportunidade promissora para criar sistemas e aplicações industriais poderosos, tirando partido da crescente ubiquidade da identificação por radiofrequência (RFID) e dos dispositivos sem fios, móveis e sensores. Nos últimos anos, foi desenvolvida e implementada uma vasta gama de aplicações industriais da IdC. Este documento analisa a investigação atual sobre a IdC, as principais tecnologias facilitadoras, as principais aplicações da IdC nas indústrias e identifica as tendências e os desafios da investigação.

[10] Ashwini Deshpande, Prajakta Pitale, Sangita Sanap "Industrial Automation using Internet of Things (IOT)" (Automação industrial utilizando a Internet das coisas (IOT)). A IoT é a rede de objectos físicos ou coisas incorporadas com eletrónica, software, sensores e conetividade de rede, que permite a estes objectos recolher e trocar dados. Neste documento, estamos a desenvolver um sistema que monitorizará automaticamente as aplicações industriais e gerará alertas/alarmes ou tomará decisões inteligentes utilizando o conceito de IoT. A IoT proporcionou-nos uma forma promissora de construir sistemas e aplicações industriais poderosos utilizando dispositivos sem fios, Android e sensores.

[11]   Shashikant Solanki, Deepak Gaur, G.M. Rasiqul Islam Rasiq "Sistema de monitorização industrial baseado na IoT". A Internet Industrial das coisas ou IIoT ganhou reconhecimento devido ao avanço que fez na tecnologia de comunicação. Neste modelo, um Arduino Mega, que é o microcontrolador principal, está ligado a um módulo Wi-Fi para ligação à Internet, a um sensor barométrico para a temperatura e a pressão, a um sensor de humidade para detetar a humidade e a um sensor de gás que detecta o fumo e os gases nocivos. Além destes componentes, são utilizados vários outros sensores para controlar a temperatura, a fuga de gás, a pressão, a humidade, etc. no ambiente de trabalho, a fim de garantir a segurança dos trabalhadores. Em caso de incidente, este sistema de monitorização avisa os trabalhadores através de um alarme e envia informações ao utilizador registado através da aplicação Blynk.

CAPÍTULO 3: MONITORIZAR AS INDÚSTRIAS UTILIZANDO A IoT

A poluição industrial é a poluição causada pela indústria. Juntamente com a revolução industrial, foram desenvolvidas mais fábricas e tecnologias, o que causou muita poluição do ar, da terra e da água no nosso planeta. Este tipo de poluição é um dos piores porque o fumo que a indústria emite no ar contribui muito para a destruição da camada de ozono, para os problemas de saúde dos animais e dos seres humanos e para o aquecimento global. A poluição industrial está a causar estragos na Terra. Todas as nações são afectadas e há pessoas que trabalham incansavelmente para aumentar a sensibilização e defender a mudança. As actividades que causam a poluição incluem:

- Carvão queimado
- Queima de combustíveis fósseis como o petróleo, o gás natural e o petróleo
- Solventes químicos utilizados nas indústrias de tingimento e de curtumes
- Libertação de gases e resíduos líquidos não tratados para o ambiente
- Eliminação incorrecta de material radioativo

A questão da poluição industrial é crítica para todas as nações do planeta. Com o aumento dos efeitos nocivos da poluição industrial, há muitas agências e indivíduos que estão a trabalhar para reduzir as pegadas de carbono e viver e trabalhar de uma forma amiga do ambiente. No entanto, a poluição industrial ainda é galopante e levará muitos anos a ser devidamente controlada e regulamentada. Podem ser tomadas muitas medidas para procurar soluções permanentes para o problema. As indústrias poluem o ambiente ao libertarem os seus resíduos tóxicos em massas de água, terra e ar. As indústrias fabricam a maior parte dos seus produtos em fábricas. As fábricas libertam fumo tóxico para o ar, o que polui o nosso ambiente. O fumo contém químicos que não são naturais e são tóxicos para o ambiente, bem como gases que são prejudiciais para a atmosfera. Com isso, animais, plantas e seres humanos podem inalar o fumo das fábricas, o que pode levar a complicações de saúde ou, pior ainda, à morte. Além disso, outros gases estão a causar a destruição da camada de ozono, o que contribui para o aquecimento global.

Por outro lado, as indústrias também utilizam água para o seu fabrico. O excesso de água utilizada pelas fábricas está a ser despejado ou libertado novamente em oceanos ou rios abertos. Os produtos químicos tóxicos que acompanham o excesso de água das fábricas despejadas podem chegar aos animais aquáticos e prejudicá-los. Além disso, a água também está a ser novamente processada para uso comercial, o que pode afetar as plantas, os animais e os seres humanos quando a consomem, ou a água está a ser utilizada para irrigação. Com isso, o ciclo da água no ambiente está a ser gravemente perturbado e prejudicado, tornando algumas fontes inúteis para consumo. Além disso, as indústrias poluem o ambiente ao deitarem os seus resíduos líquidos e sólidos na terra. Os resíduos provocam a poluição dos solos, o que leva a problemas agrícolas, bem como a problemas crónicos de saúde para os seres humanos e animais. Por último, as indústrias poluem o ambiente, o que leva à extinção de algumas espécies animais e vegetais. Devido aos efeitos cumulativos da poluição industrial, o ambiente é continuamente afetado pela sua perturbação, afectando o seu sistema natural.

3.1 PRINCÍPIO DO CONTROLO DAS INDÚSTRIAS:

A IoT é a rede de objectos físicos ou coisas incorporadas com eletrónica, software, sensores e conetividade de rede, que permite a estes objectos recolher e trocar dados. A Internet das Coisas (IoT) é um novo sector que visa ligar "coisas", "pessoas" e "máquinas" à Internet. A modernização e a automação estão a varrer o mundo, com soluções de monitorização industrial baseadas na IoT na vanguarda. A vigilância é o sistema de segurança mais importante em casa, na indústria, no escritório e em locais públicos. A importância de avaliar o estado da indústria é vital para a segurança e a eficiência dos produtos. O objetivo deste estudo é criar um sistema de monitorização industrial baseado na IoT com sensores inteligentes. Graças à integração de grandes volumes de dados, a aplicação Blynk pode ser utilizada para monitorizar o estado de qualquer parte do planeta. A análise de dados foi simplificada, permitindo uma monitorização IoT mais fácil.

A tecnologia proposta pode ser benéfica para as indústrias transformadoras. A adição de tecnologia a qualquer tipo de indústria transformadora garantirá a segurança e o bem-estar das pessoas, bem como evitará acidentes. A utilização da tecnologia de automatização reduz as hipóteses de perdas e acidentes no mundo da maquinaria. O projeto do sistema de monitorização industrial baseia-se na Internet das Coisas (IoT). O Arduino é utilizado para controlar vários sensores (utilizando sensores de fumo e de temperatura), proporcionando um controlo total sobre a indústria. A Internet das Coisas (IoT) é utilizada neste projeto para fornecer dados ao utilizador. A Internet das Coisas (IoT) é uma rede de "coisas" que permite que objectos físicos comuniquem dados através da utilização de sensores, eletrónica, software e redes.

Estes sistemas são autónomos e não necessitam de interagir com humanos. O sistema alimenta o microcontrolador Arduino Mega com sinais de vários sensores, como os sensores de fumo, temperatura e humidade. Os dados são posteriormente enviados para o módulo IoT através do microcontrolador (ESP8266). O ESP8266 é um chip que permite aos microcontroladores ligarem-se a uma rede Wi-Fi, estabelecerem ligações TCP/IP e fornecerem dados. Em caso de incêndio, o sensor de fumo e o sensor de temperatura detectam a presença de fumo e as alterações de temperatura e enviam a informação para o Arduino. A informação é depois transmitida através do ESP8266 para a aplicação Blynk. A aplicação Blynk é uma aplicação gratuita na Play Store que permite ligar o módulo IoT ao ecrã do telemóvel e ajuda a controlar virtualmente o projeto e as suas actividades. O módulo IoT, quatro LEDs, uma ventoinha e um LCD estão todos ligados ao microcontrolador. Os LEDs representam diferentes peças de maquinaria que podem ser utilizadas como um símbolo. Os valores de temperatura e humidade também são apresentados na aplicação Blynk, graças ao Arduino e à Internet. Ao mesmo tempo, são apresentadas mensagens informativas no LCD para controlo manual. O módulo WiFi deve estar ligado a uma zona Wi-Fi como pré-requisito para este projeto. Este projeto também pode ser implementado utilizando o módulo GSM em vez do módulo IoT. Em vez da aplicação Blynk, pode também criar a sua aplicação através do inventor de aplicações do MIT. Neste caso, desenvolvemos também uma aplicação para Android que utiliza uma interface simples para visualizar e analisar os dados em tempo real de uma forma mais fácil.

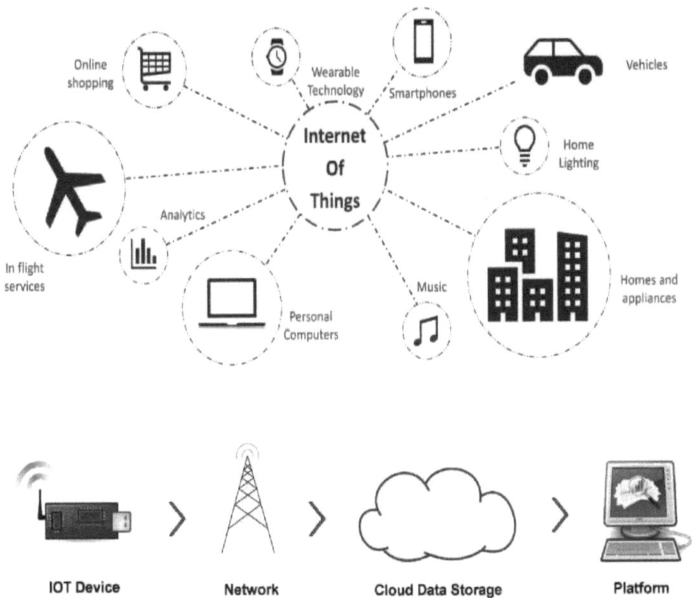

Fig.3.1: Internet das coisas: uma visão geral

17

CAPÍTULO 4 : INDÚSTRIAS DE MONITORIZAÇÃO

4.1 INDÚSTRIAS DE CONTROLO :

O diagrama de blocos é constituído pelos seguintes blocos :

1. Indústria
2. Arduino MEGA 2560
3. Nó MCU
4. Sensor de barómetro
5. Sensor MQ2
6. DHT11 Sensor de temperatura, sensor de humidade
7. Sensor de movimento PIR
8. Buzina
9. Ecrã LCD
10. Aplicação para Android

DIAGRAMA DE BLOCO:

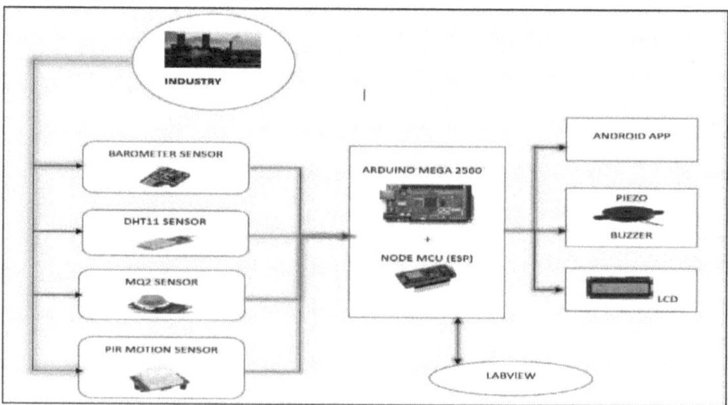

Fig.4.1: Monitorização de indústrias com recurso à IoT

DESCRIÇÃO DO DIAGRAMA DE BLOCOS:

Os componentes utilizados para conceber o hardware são o Arduino UNO, o sensor semicondutor (MQ6 e MQ7), o ESP8266, o relé e a fonte de alimentação. O MCP3008 é um conversor analógico-digital. Os valores analógicos dos sensores são fornecidos ao MCP3008, que é um ADC de 8 canais, que converte os dados analógicos em dados digitais que são depois enviados para o NodeMCU. Os parâmetros são monitorizados com os sensores DHT11, MQ-6 e MQ-7. O sensor detecta os seus parâmetros relativos à temperatura, humidade e nível de gás e carrega esses dados para a nuvem com a ajuda do dispositivo Wi-Fi (NodeMCU). Se o nível do gás ultrapassar o nível normal, o primeiro alerta é enviado aos funcionários da indústria e aos trabalhadores para que tomem medidas de precaução e sinaliza a nuvem da Google, que fecha automaticamente a válvula de fuga de gás e a indústria toma medidas imediatas para controlar a poluição. Ou então, a segunda mensagem de alerta é enviada através do serviço de mensagens curtas (SMS) para restabelecer o limite de segurança pretendido e, como o governo desempenha o papel de corte de energia nas indústrias.

O Arduino Mega está ligado à placa ESP8266 para se ligar ao Wi-Fi. O ESP8266 será utilizado para se ligar ao Wi-Fi e ao servidor e comunicar com este através do protocolo MQTT. O ESP8266 é ligado através de uma interface de série. Uma vez que as fábricas/indústrias modernas utilizam combustíveis fósseis ou outras substâncias químicas para fabricar os seus produtos e também emitem gases nocivos como o fumo na atmosfera, o nosso sistema também monitoriza gases como o monóxido de carbono (assassino silencioso), GPL e fumo utilizando o sensor de gás MQ2. Com a utilização do sensor de movimento PIR, ajudará a monitorizar a entrada não autorizada após o horário de expediente, conforme definido nos parâmetros. Isto permite-nos melhorar a segurança geral da indústria, conduzindo a um melhor crescimento e estabilidade da indústria. É também criado um ficheiro de fonte de instrumentação virtual LabVIEW que pode ser ligado à base de dados em tempo real Google Cloud Firebase e mostra o resultado no painel frontal.

4.2 DESCRIÇÃO DO HARDWARE

4.2.1 INDÚSTRIAS :

Indústria, grupo de empresas ou organizações produtivas que produzem ou fornecem bens, serviços ou fontes de rendimento. Em economia, as indústrias são geralmente classificadas como primárias, secundárias, terciárias e quaternárias. Este sector da economia de uma nação inclui a agricultura, a silvicultura, a pesca, a exploração mineira, as pedreiras e a extração de minerais. Pode ser dividido em duas categorias: a indústria genética, que inclui a produção de matérias-primas que podem ser aumentadas pela intervenção humana no processo de produção; e a indústria extractiva, que inclui a produção de matérias-primas esgotáveis que não podem ser aumentadas através do cultivo. Este sector, também designado por indústria transformadora, utiliza as matérias-primas fornecidas pelas indústrias primárias e transforma-as em bens de consumo, ou transforma ainda bens que outras indústrias secundárias transformaram em produtos, ou constrói bens de equipamento utilizados para fabricar bens de consumo e não-consumo. A indústria secundária inclui também as indústrias produtoras de energia (por exemplo, as indústrias hidroeléctricas), bem como a indústria da construção.

Fig.4.2: Visão geral de um sector

4.2.2 Arduino MEGA

O Arduino Mega 2560 é uma placa de microcontrolador que utiliza o microcontrolador ATmega2560. Contém 54 pinos de entrada/saída digitais (15 dos quais podem ser utilizados como saídas PWM), 16 entradas analógicas, 4 UART (portas de série de hardware), um oscilador de cristal de 16 MHz, uma ligação USB, uma tomada de alimentação, um conetor ICSP e um botão de reinicialização. Para começar, basta ligá-lo a um computador com um cabo USB ou alimentá-lo com um adaptador AC-DC ou uma bateria.

A placa Mega 2560 é compatível com a maioria das shields Uno. A tensão de funcionamento é de 5V, com uma tensão de entrada sugerida de 7-12V e uma tensão de entrada máxima de 6-20V. O Arduino Mega 2560 é programado utilizando o software Arduino (IDE), que é o mesmo para todas as placas e pode ser utilizado tanto online como offline. Este software é utilizado para escrever, compilar e carregar o código na placa Arduino. Esta unidade é fornecida com uma interface USB, pelo que pode ser utilizado um cabo USB para ligar o dispositivo ao computador, através do qual é possível transferir o esboço (o programa Arduino é designado por esboço) para a placa.

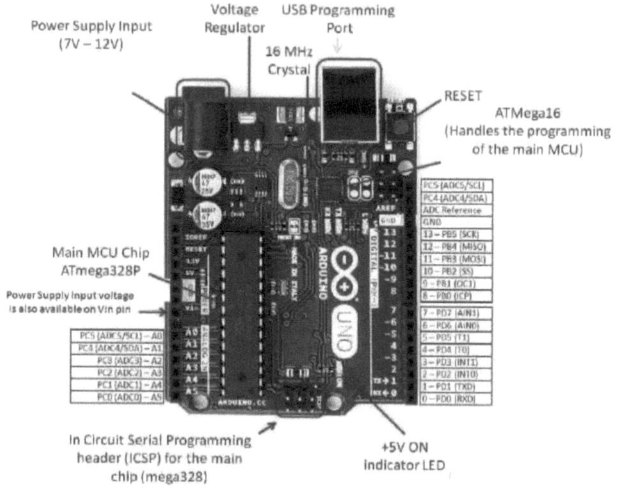

Fig.4.3: Arduino Mega

4.2.3 Nó MCU

O NodeMCU é uma plataforma IoT de código aberto e de baixo custo. Inicialmente, incluía firmware que funciona no SoC Wi-Fi ESP8266 da Espressif Systems e hardware baseado no módulo ESP-12. Mais tarde, foi adicionado o suporte para o MCU ESP32 de 32 bits. Existem duas versões disponíveis do NodeMCU: a versão 0.9 e a 1.0, em que a versão 0.9 contém o ESP-12 e a versão 1.0 contém o ESP-12E.

CARACTERÍSTICAS:

Processador: Núcleo de microprocessador RISC L106 de 32 bits baseado no processador Tensilica

Diamond Standard 106Micro a funcionar a 80 MHz

Memória: 32 KiB de RAM de instruções

Cache de instruções de 32 KiB

RAM80 KiB dados do utilizador

RAM

16 KiB de RAM de dados do sistema ETS

Flash QSPI externo: é suportado até 16 MiB (512 KiB a 4 MiB normalmente incluídos)

17 pinos GPIO

Barramento de interface periférica de série (SPI)

I^2 C (implementação de software)

I^2 S interfaces com DMA (partilha de pinos com GPIO)

UART em pinos dedicados, podendo ainda ser activada uma UART só de transmissão no GPIO2 **ADC** de 10 bits (ADC de aproximação sucessiva)

Fig. 4.4: NóMCU

4.2.4 SENSOR DE BARÓMETRO

O sensor de pressão barométrica, também conhecido como uma forma mais recente do barómetro, é uma ferramenta compatível com Arduino utilizada para medir a pressão atmosférica em ambientes. Essas medições permitem principalmente a previsão de mudanças de curto prazo no clima. Com as alterações de design ao longo dos anos, os sensores de pressão barométrica são agora miniaturizados para utilização em smartphones e placas de microcontroladores como o Arduino, sendo um dos mais comuns o BMP180, BMP280, BME280. O BMP180 está disponível em dois módulos. Um é o módulo de cinco pinos e o outro é o módulo de quatro pinos. Com o módulo de cinco pinos, temos um pino adicional de +3,3 V que está ausente no módulo de quatro pinos.

Com o avanço da tecnologia, os sensores de pressão barométrica modernos já não necessitam de líquido para a deteção, o que resulta numa maior precisão. Esses tipos de sensores de pressão barométrica incluem os barómetros aneróides e o barómetro MEMS. Com esta tecnologia, o sensor de pressão barométrica MEMS não só oferece uma maior funcionalidade, como também é capaz de medir a pressão atmosférica dinâmica/estática. Isto permite-lhe ser uma opção popular para estações meteorológicas portáteis e projectos Arduino.

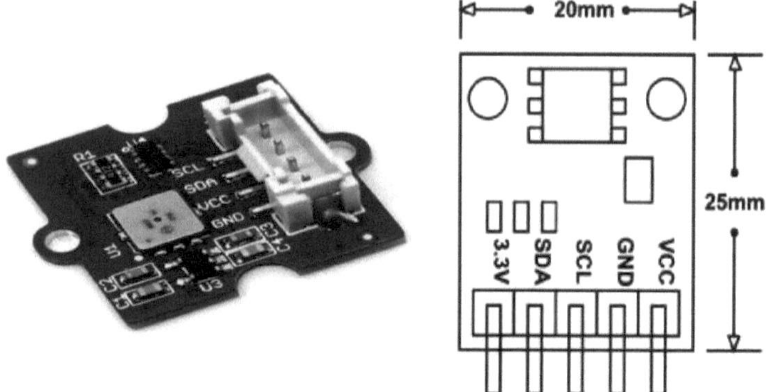

Fig. 4.5: Sensor de barómetro

4.2.5 SENSOR MQ2 :

O sensor de fumo baseia-se no chip detetor de fumo semicondutor MC145012DW de escala livre. O circuito integrado é composto por uma câmara fotoeléctrica de infravermelhos. O relé dispara em cerca de 20 segundos após detetar a luz dispersa de partículas de fumo minúsculas. O sensor de fumo MQ-2 detecta fumo e gases combustíveis, tais como GPL, butano, propano, metano, álcool e hidrogénio. A sua tensão de funcionamento é de +5V e pode ser utilizada para detetar GPL ou gás butano. Tem uma tensão de saída analógica: 0V a 5V e uma tensão de saída digital: 0V ou 5V (lógica TTL). O sensor MQ2 tem uma duração de pré-aquecimento de 20 segundos e pode ser utilizado como um sensor digital ou analógico. A sensibilidade do pino digital pode ser variada utilizando o potenciómetro.

A resistência do sensor varia consoante o tipo de gás. O sensor de fumo possui um potenciómetro incorporado que lhe permite alterar a sensibilidade do sensor em função da precisão da deteção do gás. A tensão de saída do sensor varia em resposta à quantidade de fumo ou gás presente no ar. O sensor produz uma tensão que é proporcional à quantidade de fumo/gás presente. O sensor MQ-2 tem quatro pinos: pinos analógicos, pinos digitais, GND e VCC-5V.

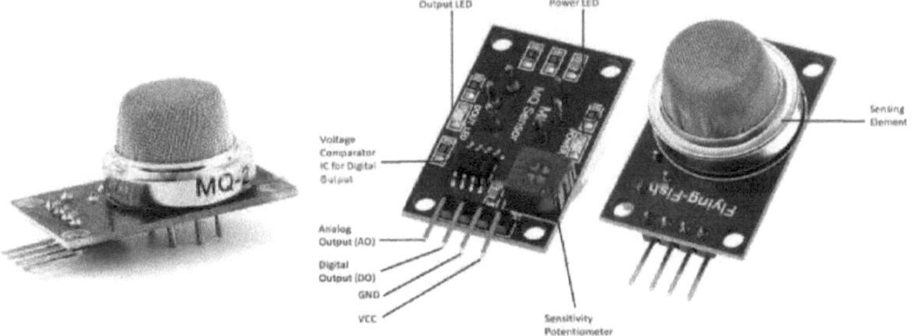

Fig.4.6: Sensor MQ2

4.2.6 Sensor de temperatura e humidade DHT11 :

A gama de temperaturas do DHT11 é de 0 a 50 graus Celsius com uma precisão de +2 graus, e a gama de humidade é de 20 a 80% com uma precisão de 5%. Os sensores funcionam a 3 a 5 volts, com uma corrente máxima de 2,5 miliamperes durante a medição. Os sensores de temperatura são frequentemente utilizados para monitorizar o calor ou a temperatura em operações industriais em áreas perigosas.

Sensor de humidade: Medindo a humidade e a temperatura do ar e apresentando a humidade relativa como uma percentagem, este sensor monitoriza eficazmente a humidade relativa no ambiente. A humidade do ar deposita-se na película, provocando variações nos níveis de tensão entre as duas placas, que são depois traduzidas em dados digitais. O sensor DHT11 é um dos dispositivos mais importantes que tem sido amplamente utilizado nos sectores do consumo, industrial, biomédico e ambiental, etc. Os sensores de humidade são dispositivos muito importantes que ajudam a medir a humidade ambiental. Tecnicamente, o dispositivo utilizado para medir a humidade da atmosfera chama-se higrómetro.

Fig. 4.7: Sensor de temperatura e humidade DHT11

4.2.7 Sensor de movimento PIR :

O sensor de movimento PIR é utilizado para detetar pessoas e atividade de movimento. Os sensores PIR permitem detetar o movimento, quase sempre utilizado para detetar se uma pessoa entrou ou saiu do alcance dos sensores. São pequenos, baratos, de baixo consumo, fáceis de utilizar e não se desgastam. Por esse motivo, são normalmente encontrados em aparelhos e dispositivos utilizados em casas ou empresas. São frequentemente designados por sensores PIR, "Passive Infrared" (infravermelhos passivos), "Pyroelectric" (piroeléctricos) ou "IR motion" (movimento por infravermelhos). Os PIRs são basicamente feitos de um sensor piroelétrico (que pode ver abaixo como a lata de metal redonda com um cristal retangular no centro), que pode detetar níveis de radiação infravermelha. Tudo emite alguma radiação de baixo nível, e quanto mais quente algo está, mais radiação é emitida. O sensor de um detetor de movimento está, na verdade, dividido em duas metades. A razão para isso é que estamos a tentar detetar movimento (mudança) e não níveis médios de IR. As duas metades são ligadas de modo a anularem-se mutuamente. Se uma metade vir mais ou menos radiação IR do que a outra, a saída oscilará para cima ou para baixo. O PIR é um sensor eletrónico que detecta as alterações na luz infravermelha a uma certa distância e emite um sinal elétrico na sua saída em resposta a um sinal de IV detectado. Pode detetar qualquer objeto emissor de infravermelhos, como seres humanos ou animais, se este estiver ao alcance do sensor, se se afastar do alcance ou se se deslocar dentro do alcance do sensor

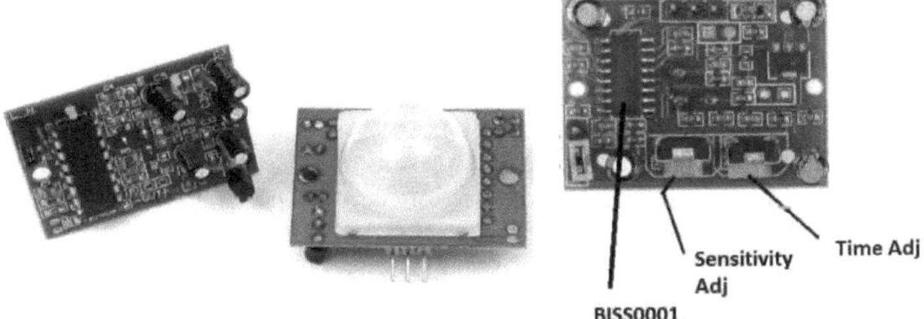

Fig. 4.8: Sensor de movimento PIR

4.2.8 Ecrã LCD :

Cada vez mais dispositivos microcontroladores estão a utilizar ecrãs "smart LCD" para produzir informação visual. A discussão seguinte aborda a ligação de um ecrã LCD Hitachi a um microcontrolador PIC. Os ecrãs LCD concebidos com base no módulo LCD HD44780 da Hitachi são baratos, fáceis de utilizar e até é possível produzir uma leitura utilizando os 20 x 2 pixels do ecrã. Os ecrãs LCD Hitachi têm um conjunto de caracteres ASCII padrão, além de símbolos japoneses, gregos e matemáticos. Para um barramento de dados de 8 bits, o ecrã requer uma alimentação de +5V e 11 linhas de F/S. Para um barramento de dados de 4 bits, apenas necessita das linhas de alimentação mais sete linhas extra. O LCD também necessita de 3 linhas de "controlo" do microcontrolador.

Ativar (E) Esta linha permite o acesso ao ecrã através das linhas R/W e RS. Quando a linha (E) está alta, o LCD verifica o estado das duas linhas de controlo e responde em conformidade. Leitura/Escrita (R/W) Esta linha determina a direção dos dados entre o LCD e o microcontrolador. Quando está em baixo, os dados são escritos no LCD. Quando está alta, os dados são lidos do microcontrolador. Register Select (RS) Com a ajuda desta linha, o LCD interpreta o tipo de dados nas linhas de dados. Quando está em baixo, está a ser escrita uma instrução no LCD. Quando está alta, está a ser escrito um carácter no LCD.

Fig.4.9: Ecrã LCD

4.2.9 Buzzer Piezo

O buzzer é um dispositivo sonoro que pode converter sinais de áudio em sinais de som. É normalmente alimentado por tensão contínua. É amplamente utilizada em alarmes, computadores, impressoras e outros produtos electrónicos como dispositivos sonoros. Divide-se principalmente em campainha piezoeléctrica e campainha electromagnética. A campainha piezoeléctrica utiliza o efeito piezoelétrico da cerâmica piezoeléctrica e utiliza a corrente de impulsos para impulsionar a vibração da placa de metal para gerar som. A campainha piezoeléctrica é composta principalmente de ressonador múltiplo, placa piezoeléctrica, combinador de impedância, caixa de ressonância, caixa, etc.

O multirressonador é composto por transístores ou circuitos integrados. Quando a fonte de alimentação é ligada (tensão de funcionamento de 1,5~15V DC), o multirressonador oscila e emite um sinal áudio de 1,5~2,5kHz. O casador de impedância empurra a placa piezoeléctrica para gerar som. A placa piezoeléctrica é feita de cerâmica piezoeléctrica de titanato de zirconato de chumbo ou niobato de magnésio de chumbo, e os eléctrodos de prata são revestidos em ambos os lados da folha de cerâmica. Depois de polarizados e envelhecidos, os eléctrodos de prata são ligados entre si com chapas de latão ou de aço inoxidável.

Fig.4.10: Buzzer Piezo

4.2.10 Placa de circuito impresso :

O Arduino Mega pode ser programado com o software Arduino. O ATmega2560 do Arduino Mega vem pré-carregado com um carregador de arranque que lhe permite carregar novo código sem a utilização de um programador de hardware externo. Também é possível ignorar o carregador de arranque e programar o microcontrolador através do cabeçalho ICSP (In-Circuit Serial Programming). Uma breadboard, ou protoboard, é uma base de construção para prototipagem de eletrónica. Originalmente, a palavra referia-se literalmente a uma tábua de pão, um pedaço de madeira polido usado para cortar pão. Como a breadboard sem solda não requer solda, é reutilizável.

Isto facilita a sua utilização para criar protótipos temporários e fazer experiências com o design de circuitos. Por este motivo, as placas de ensaio sem soldadura também são populares entre os estudantes e no ensino tecnológico. Os tipos mais antigos de placas de ensaio não tinham esta propriedade. Uma placa de tiras (Veroboard) e placas de circuitos impressos de prototipagem semelhantes, que são utilizadas para construir protótipos semi-permanentes soldados ou peças únicas, não podem ser facilmente reutilizadas. Podem ser criados protótipos de vários sistemas electrónicos utilizando placas de ensaio, desde pequenos circuitos analógicos e digitais até unidades centrais de processamento (CPU) completas.

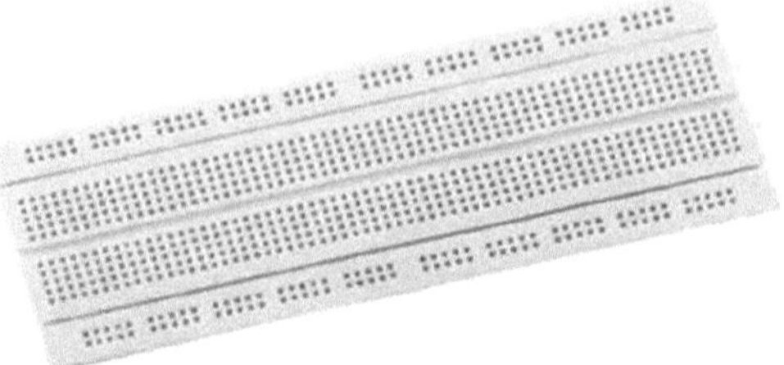

Fig.4.11: Placa de ensaio

4.2.11 Aplicação Android :

O Blynk foi criado com a Internet das Coisas em mente. Pode gerir hardware remotamente, mostrar dados de sensores e armazenar dados. A Blynk foi criada a pensar na Internet das Coisas. Pode gerir hardware remotamente, mostrar dados de sensores e armazenar dados. O Blynk é um serviço baseado na Web. Isto implica que o equipamento selecionado deve ser capaz de se ligar à Internet. Algumas das placas, como a placa Arduino, necessitam de um escudo Ethernet ou Wi-Fi para interagir, enquanto outras, como o ESP8266 e o Raspberri Pi com dongle WiFi, já estão preparadas para a Internet.

O Blynk Server é responsável por todas as transferências de dados entre o smartphone e o hardware. É de código aberto, capaz de suportar milhares de dispositivos e pode até funcionar num Raspberry Pi. As Bibliotecas Blynk são para todos. As bibliotecas Blynk permitem a comunicação com o servidor e processam todos os comandos de entrada e saída para todas as plataformas de hardware populares. O Blynk foi criado com as aplicações da Internet das coisas em mente. Controla com êxito o hardware à distância e mostra os dados dos sensores em telemóveis Android. Os componentes da plataforma Blynk são os seguintes Toolkit para aplicações Blynk: Permite construir projectos utilizando os numerosos widgets do painel de controlo.

O servidor Blynk é um servidor que liga um smartphone a um hardware através de WiFi ou Bluetooth. O servidor Blynk é de código aberto e capaz de suportar milhares de dispositivos. Bibliotecas Blynk: Suporta todos os sistemas incorporados comuns e permite a comunicação com o servidor, bem como o processamento de todos os comandos. A conceção do projeto é projectada. Na figura, o Arduino Mega é o microcontrolador que define os comandos para todos os outros dispositivos a ele ligados. O Arduino Mega recebe os dados do DHT11 (sensor de humidade e temperatura) e do MQ-2 (sensor de fumo) e apresenta os resultados no ecrã Lcd. Outros componentes electrónicos, como as lâmpadas LED para o lugar dos dispositivos, são utilizados para representar diferentes máquinas da indústria. Existe um motor para moderar o calor da indústria. A fonte de alimentação é de 9V para o Arduino. A alimentação pode ser fornecida por uma bateria ou por um adaptador. De outra forma, adicionando um transformador redutor, pode ser feita uma ligação direta ao quadro elétrico. Em seguida, é ligado um módulo Wi-Fi (ESP8266) para comunicação via Internet com a aplicação Blynk.

Existem 3 indicadores de gás, humidade e temperatura. Os botões controlam o funcionamento do dispositivo LED e o indicador mostra o estado dos sensores. Além disso, serão descritos os pormenores no LCD.

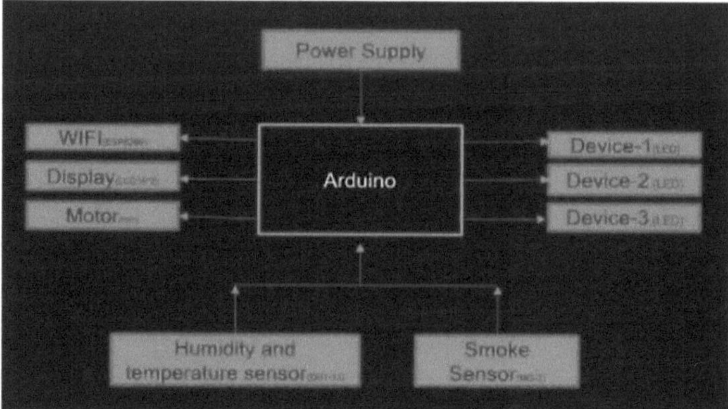

Fig 4.12: Diagrama de blocos do Arduino

4.3 SENSORES:

4.3.1 : 4 Sensores :

Um sensor de pressão barométrica é um novo tipo de barómetro que mede a pressão atmosférica. O DHT11 é um sensor digital de baixo custo para medir a temperatura e a humidade. Este sensor pode ser facilmente ligado a qualquer microcontrolador, como o Arduino, Raspberry Pi, etc., para medir instantaneamente a humidade e a temperatura. Os sensores PIR permitem detetar movimento, quase sempre utilizado para detetar se um ser humano se moveu para dentro ou para fora do alcance dos sensores. São pequenos, baratos, de baixo consumo, fáceis de utilizar e não se desgastam. O MQ-2 é um sensor de fumo e de gás combustível da Winsen. Pode detetar gás inflamável numa gama de 300 - 10000ppm. A sua utilização mais comum é em alarmes de fuga de gás doméstico e detectores com uma elevada sensibilidade ao propano e ao fumo. Este tipo de sensor de pressão barométrica utiliza uma célula aneroide que se expande ou contrai quando a pressão atmosférica muda. Este movimento faz com que as alavancas se amplifiquem, o que faz com que os ponteiros indiquem a leitura da pressão no ecrã frontal. Muitos dos barómetros modernos utilizam tecnologia de sistema microelectromecânico, tornando-os capazes de medir a pressão numa estrutura mais compacta e flexível. Isto permite-lhes ser utilizados em aplicações mais pequenas, como dispositivos móveis e relógios. O sensor DHT11 é composto por um elemento capacitivo de deteção de humidade e um termistor para a deteção de temperatura. O condensador de deteção de humidade tem dois eléctrodos com um substrato de retenção de humidade como dielétrico entre eles. A alteração do valor da capacitância ocorre com a alteração dos níveis de humidade. O CI mede, processa estes valores de resistência alterados e transforma-os em formato digital.

Geralmente, o sensor PIR pode detetar movimentos de animais/humanos numa gama de requisitos. O PIR é constituído por um sensor piroelétrico, que é capaz de detetar diferentes níveis de radiação infravermelha. O detetor em si não emite qualquer energia, mas recebe-a passivamente. Os alarmes de infravermelhos passivos são classificados em detectores de infravermelhos (sondas de infravermelhos) e secções de controlo de alarmes. O detetor de infravermelhos mais utilizado é um detetor piroelétrico. É utilizado como sensor para converter a radiação infravermelha humana em eletricidade. Se a radiação infravermelha humana for diretamente irradiada no detetor, provocará, naturalmente, uma mudança de temperatura que produzirá um sinal. Mas, ao fazer tudo isto, a distância de deteção não será maior. O Arduino Mega está ligado à placa ESP8266 para se ligar ao Wi-Fi. O ESP8266 será utilizado para se ligar ao Wi-Fi e ao servidor e comunicar com este através do protocolo MQTT. O ESP8266 é ligado através de uma interface de série. O sistema que criei vai monitorizar a temperatura e a pressão (utilizando o BMP280) e a humidade (utilizando o DHT11). Uma vez que as fábricas/indústrias modernas utilizam combustíveis fósseis ou outros gases, o sistema também monitoriza gases como o monóxido de carbono (assassino silencioso), GPL e fumo utilizando o sensor de gás MQ2. Dispõe ainda de um sensor de movimento PIR para detetar pessoas e atividade de movimento. A maior parte do trabalho de análise dos dados será efectuada no lado do servidor. Neste caso, o servidor é o Blynk. O servidor aloja a página Web e gere a entrada de dados e a análise que tem de ser efectuada. Utiliza um evento ou widget para dar notificações e outras coisas com base na informação enviada pelo dispositivo.

4.3.2 Esquema de circuitos :

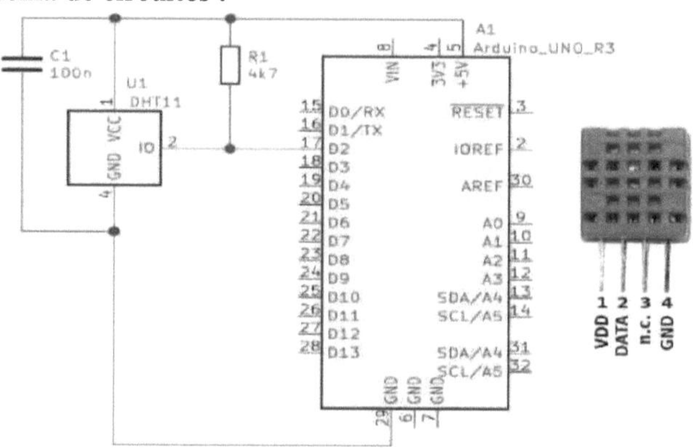

Fig. 4.13: Diagrama do circuito

4.3.2 Protocolos importantes da IoT:

Existem várias tecnologias de comunicação à disposição dos programadores. O LabVIEW é um ambiente de programação gráfica desenvolvido e distribuído pela National Instruments. O acrónimo significa "Laboratory Virtual Instrumentation Engineering Workbench". A percentagem de oxigénio no sangue de um paciente pode ser calculada medindo a quantidade de luz que é transmitida através da ponta do dedo, utilizando um fotodíodo como sensor e dois LED (vermelho e IV) como fonte de luz. O fotodíodo detecta a luz transmitida e o dispositivo DAQ emite uma tensão que corresponde à quantidade de luz detectada. O sinal final aparece como a forma de onda de um impulso. Haverá duas formas de onda: um sinal para o LED vermelho e um segundo para o LED IV. Uma vez gerados estes sinais com o dispositivo DAQ, são efectuadas várias medições.

Primeiro, a quantidade de tempo que decorre entre os picos será determinada para calcular a taxa de pulsação. Em segundo lugar, a CA e a CC dos sinais de tensão são determinadas para calcular a percentagem de oxigenação.

Uma vez encontrados estes valores, é calculado o rácio de modulação. O rácio de modulação é essencialmente o rácio entre a magnitude da forma de onda vermelha e a da forma de onda IR. Para poder registar e calcular todas estas medições, o código é dividido numa série de eventos que ocorrem da esquerda para a direita do nosso código. O primeiro evento que ocorre é ligar o LED vermelho gerando uma tensão de passo utilizando o dispositivo DAQ, o que é mostrado no primeiro quadro da estrutura de sequência plana utilizada para executar o código desenvolvido. De seguida, ocorre o segundo evento que inclui vários passos: O LED VERMELHO é ligado. A transmitância da luz é detectada pelo fotodíodo e emitida como um sinal de tensão durante 5 segundos utilizando a entrada do dispositivo DAQ. O sinal gerado é cortado numa secção que contém um tempo entre 3 e 8 segundos. O valor DC (médio) entre 3 e 8 segundos é calculado. O valor da tensão residual de pico a pico (AC) é determinado. Determina-se o intervalo de tempo entre picos. O intervalo de tempo pico a pico obtido é dividido por 60 para obter a taxa de pulsação. Todos os passos acima referidos são executados pelo sub-diagrama colocado no segundo quadro da sequência plana. O terceiro evento liga o LED IV e desliga o LED vermelho, gerando uma tensão de passo utilizando o dispositivo DAQ; isto é mostrado no terceiro quadro da estrutura da sequência plana. O quarto evento inclui uma repetição do segundo passo, mas todos os valores serão encontrados para o sinal IR em vez do sinal do LED vermelho. Além disso, não é necessário encontrar o intervalo de tempo de pico a pico para o sinal IR porque a taxa de pulsação deve ser a mesma para ambos os sinais LED e, por conseguinte, é suficiente calcular a taxa de pulsação apenas a partir do LED vermelho. Isto é efectuado pelo sub-diagrama colocado no quarto quadro da estrutura da sequência plana. O quinto evento desliga os LEDs vermelho e infravermelho. Após a determinação destes valores, o rácio de modulação pode ser calculado utilizando a equação R = (AC/DC) RED / (AC/DC) IR. Em seguida, os dados empíricos são referenciados de modo a encontrar a percentagem de oxigenação.

$$Y = -10.291 * X * X - 27.865 * X + 117.93$$

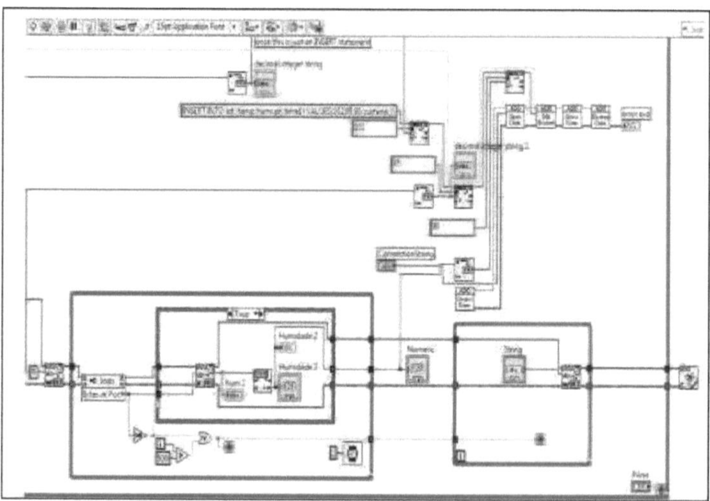

Fig.4.14: Diagrama de blocos dos sensores para ligar e desligar o LED vermelho

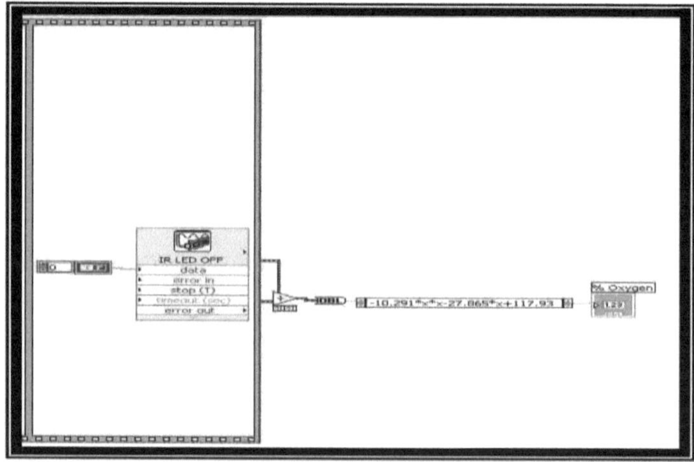

Fig.4.15: Diagrama de blocos dos sensores para calcular a percentagem de poluição

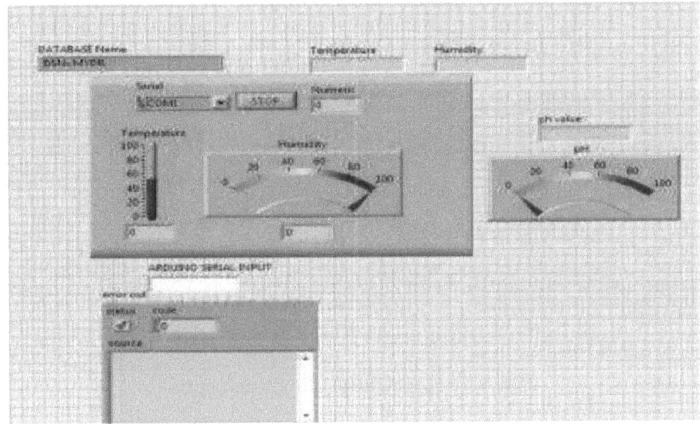

Fig.4.16: Painel frontal dos sensores de monitorização da poluição

CAPÍTULO 5: RESULTADOS E DISCUSSÃO

5.1 RESULTADO DA SIMULAÇÃO:

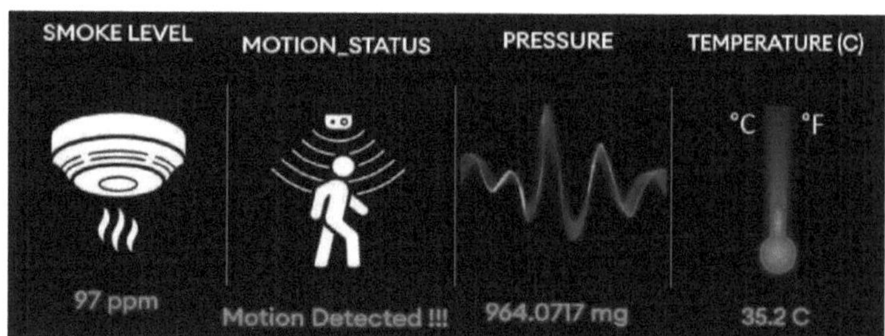

Fig. 5.1: Resultados da simulação

Dependendo dos processos industriais a monitorizar, é necessário utilizar diferentes tipos de sensores e dispositivos. Neste projeto, considerámos os parâmetros básicos como a temperatura, a pressão, o nível de gás e os movimentos humanos ou das máquinas, etc., pelo que utilizámos sensores de temperatura, sensores de pressão, sensores de gás, sensores de movimento ou sensores de vibração, respetivamente. Depois de identificarmos os sensores e os dispositivos, temos de os ligar à Internet. Isto pode ser feito utilizando vários protocolos IoT, como MQTT, CoAP ou HTTP. Depois de ligar os dispositivos à Internet, estes começam a recolher dados. Os dados recolhidos por estes sensores são enviados para o Google Cloud Firebase utilizando o módulo WiFi e os dados podem ser acedidos a partir da base de dados na nuvem. Para tornar os dados facilmente visíveis e acessíveis, desenvolvemos uma aplicação Android que pode apresentar os dados em tempo real. A aplicação também pode ser utilizada para definir alertas e notificações com base em determinados limiares. Uma vez desenvolvida a aplicação Android, esta pode ser implementada num ambiente industrial. Esta aplicação pode ser utilizada por operadores e supervisores para monitorizar os processos industriais e fazer os ajustes necessários.

5.2 RESULTADO EXPERIMENTAL:

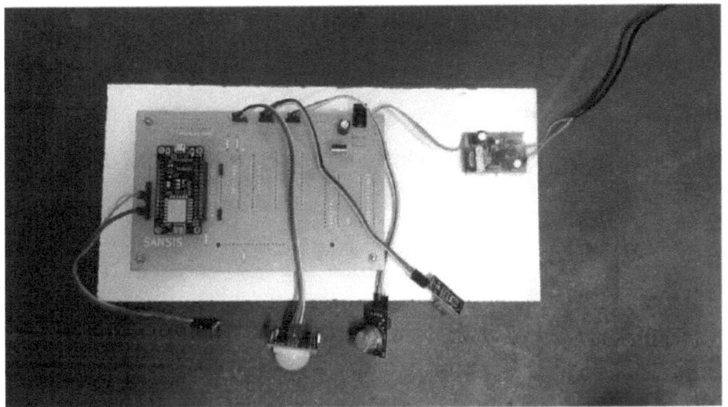

Fig. 5.2: Saída de hardware

O diagrama acima mostra o resultado do hardware do nosso projeto. Este será sob a forma de dados recolhidos pelos sensores e dispositivos. Os dados podem ser analisados e apresentados na aplicação Android para fornecer informações em tempo real e melhorar os processos industriais. O sensor de movimento PIR, o sensor de gás MQ-2 e o sensor de temperatura estão ligados a +5V e o sensor de pressão recebe uma alimentação de +3V através do NodeMCU, como se mostra no diagrama. Em primeiro lugar, o hardware é ligado e a alimentação é regulada e fornecida ao controlador NodeMCU. Em seguida, é fornecida uma ligação à Internet ao NodeMCU através de um hotspot móvel/portátil com um nome e uma palavra-passe específicos. O nome e a palavra-passe do hotspot são codificados no controlador e, se a mesma ligação estiver disponível, este liga-se automaticamente. Depois de se ligar à Internet, começa a enviar os dados recolhidos para a nuvem e esses dados em tempo real podem ser visualizados e acedidos através da aplicação para Android. Isto facilita o acesso ao dispositivo e à aplicação android, mesmo para pessoas e trabalhadores analfabetos, para controlar as actividades industriais em geral.

CAPÍTULO 6: CONCLUSÃO

Neste projeto, é proposto um sistema de monitorização inteligente da indústria baseado na IoT que pode monitorizar e controlar eficazmente com alerta. Foi desenvolvido um protótipo baseado no Arduino UNO que pode detetar a concentração de gases. As informações de dados em tempo real obtidas dos diferentes sensores foram carregadas no Google Cloud, que foi exibido no LCD. Além disso, foram medidos outros parâmetros como a temperatura e a humidade. Também foram tomadas medidas para vigiar os trabalhadores em caso de emergência. O sistema fornece uma análise consistente e exacta para evitar qualquer caso de acidente. Este sistema utiliza o Arduino MEGA, que oferece soluções económicas para a segurança. Uma ligeira modificação do modelo permite ao utilizador adaptá-lo a qualquer ambiente.

A manutenção preditiva é uma necessidade industrial atual, para a qual o modelo proposto pode ser melhorado. Em caso de fuga de gás, a concentração do gás varia de ponto para ponto, o que tem de ser analisado. Além disso, os gases que se difundem durante a fuga podem também combinar-se entre si, produzindo outros subprodutos que têm de ser tratados em pormenor. A plataforma IoT dá aos operadores do sistema uma visibilidade remota em tempo real. O principal objetivo deste projeto é fornecer uma aplicação realista que tenha sido implementada e testada num ambiente de monitorização. O sistema integra as capacidades de uma plataforma IoT que satisfaz os requisitos das aplicações de alta velocidade em tempo real, enquanto a referência para situações estáveis e transitórias é uma única fonte de tempo de alta resolução. A Internet das coisas industrial ou IIoT ganhou reconhecimento devido ao avanço que fez na tecnologia de comunicação. A IoT industrial é uma aplicação da IoT que permite o controlo de indústrias através da Internet utilizando dispositivos e sensores inteligentes. As duas principais entidades que garantem a eficácia em qualquer domínio são a monitorização e o controlo.

Este protótipo ajuda as instalações industriais a deduzir as fugas de gás e a resolver mais rapidamente os problemas, graças a um nível de especialização mais elevado centrado no sistema de controlo. Esta metodologia pode ser aplicada para monitorizar a rede de distribuição de gás natural, bem como as condutas de gás industriais, comerciais e residenciais, a fim de proporcionar um funcionamento seguro e evitar lesões graves para a saúde humana causadas por fugas de gás. A solução proposta pode atuar como um sistema automático de controlo do estado dos veículos para que o fabricante possa melhorar a sua qualidade através da prestação de serviços regulares aos veículos. As tecnologias da IdC são utilizadas nos processos de fabrico e nas cadeias de abastecimento da Internet das Coisas industrial. A estratégia de IoT industrial deve incluir a aprendizagem automática e a tecnologia de megadados. Para além dos dados provenientes de dispositivos e sensores, é necessário aproveitar a combinação de dados de sensores existentes, conetividade máquina a máquina (M2M) e tecnologias de automatização para fornecer mais informações à empresa.

APLICAÇÕES :

Este protótipo ajuda o local industrial a deduzir as fugas de gás e a resolver mais rapidamente os problemas, graças a um nível mais elevado de especialização centrado no sistema de controlo. Esta metodologia pode ser aplicada para monitorizar a rede de distribuição de gás natural, bem como as condutas de gás industriais, comerciais e residenciais, a fim de proporcionar um funcionamento seguro e evitar lesões graves para a saúde humana causadas por fugas de gás. A solução proposta pode atuar como uma alimentação automática do estado de saúde dos veículos para que o fabricante melhore a sua qualidade através da prestação de serviços regulares aos veículos. A IIoT pode ser utilizada para monitorizar o consumo de energia em tempo real e identificar áreas de melhoria, reduzindo assim os custos energéticos e melhorando a sustentabilidade. Pode ser utilizada para monitorizar equipamentos, detetar potenciais problemas e programar a manutenção antes de ocorrer uma avaria. Assim, ajuda a reduzir o tempo de inatividade e os custos de manutenção.

APÊNDICE

```
#define BLYNK_PRINT Serial

#include <Adafruit_BMP280.h>
#include <Adafruit_Sensor.h>
#include <Wire.h>
#include <ESP8266_Lib.h>
#include
<BlynkSimpleShieldEsp8266.h>
#include <DHT.h>

// You should get Auth Token in the Blynk App.
// Go to the Project Settings (nut
icon). char auth[] = "Auth_Token";

// Your WiFi credentials.
// Set password to "" for open networks.
char ssid[] = "SSID";
char pass[] = "Watever";

// Hardware Serial on Mega, Leonardo, Micro...
#define EspSerial Serial3

// or Software Serial on Uno, Nano...
//#include <SoftwareSerial.h>
//SoftwareSerial EspSerial(2, 3); // RX, TX

// Your ESP8266 baud rate:
#define ESP8266_BAUD 115200

ESP8266 wifi(&EspSerial);

#define DHTPIN 4      // What digital pin we're connected to

// Uncomment whatever type you're
using! #define DHTTYPE DHT11//
DHT 11
//#define DHTTYPE DHT22// DHT 22, AM2302, AM2321
//#define DHTTYPE DHT21// DHT 21, AM2301
```

```cpp
DHT dht(DHTPIN, DHTTYPE);
Adafruit_BMP280 bmp;//creating object for bmp280
BlynkTimer timer_dht;
BlynkTimer timer_bmp;
BlynkTimer timer_mq2;

//////////////STUFF FOR mq2 SENSOR>>)/////////////////////////////////////
/***********************Hardware Related Macros for
MQ2*************************************/

const int calibrationLed = 13;              //when the calibration start , LED pin
13 will light up , off when finish calibrating
const int MQ_PIN = A0;                      //define which analog input channel
you are going to use
const int MQ_power = 45;
int RL_VALUE = 1;                           //define the load resistance on the board,
in kilo ohms
float RO_CLEAN_AIR_FACTOR = 9.83;
//RO_CLEAR_AIR_FACTOR=(Sensor resistance in clean air)/RO,
//which is derived from the chart in datasheet
#define MQ_powerPin 8

/***********************Software Related Macros for
MQ2*************************************/
int CALIBARAION_SAMPLE_TIMES = 50;          //define how many
samples you are going to take in the calibration phase
int CALIBRATION_SAMPLE_INTERVAL = 500;      //define the
time interal(in milisecond) between each samples in the
//cablibration phase
int READ_SAMPLE_INTERVAL = 50;              //define how many
samples you are going to take in normal operation
int READ_SAMPLE_TIMES = 5;                  //define the time
interal(in milisecond) between each samples in
//normal operation

/**********************Application Related Macro for
MQ2s*********************************/
#define     GAS_LPG         0
#define     GAS_CO          1
#define     GAS_SMOKE       2
```

```cpp
/***************************Globals for Gas
Detection*********************************************
*/ float     LPGCurve[3] = {2.3, 0.21, -0.47};
//two points are taken from the curve.
//with these two points, a line is formed which is "approximately equivalent"
//to the original curve.
//data format:{ x, y, slope}; point1: (lg200, 0.21), point2: (lg10000, -0.59)

float     COCurve[3] = {2.3, 0.72, -0.34};
//two points are taken from the curve.
//with these two points, a line is formed which is "approximately equivalent"
//to the original curve.
//data format:{ x, y, slope}; point1: (lg200, 0.72), point2: (lg10000, 0.15)

float     SmokeCurve[3] = {2.3, 0.53, -0.44};
//two points are taken from the curve.
//with these two points, a line is formed which is "approximately equivalent"
//to the original curve.
//data format:{ x, y, slope}; point1: (lg200, 0.53), point2: (lg10000, -0.22)

/**********REPLACE THIS**************/
float     Ro     = 0.35;          //Ro is initialized REPLACE YOUR Val
after Calibration here!


void sendDHT()
{
  float h = dht.readHumidity();
  float t2 = dht.readTemperature(); // or dht.readTemperature(true) for Fahrenheit

  if (isnan(h) || isnan(t2)) {
    Serial.println("Failed to read from DHT
    sensor!"); return;
  }
  // You can send any value at any time.
  // Please don't send more that 10 values per second.
  Blynk.virtualWrite(V4, h);
  // Blynk.virtualWrite(V6, t2);
}

void sendBMP() {
```

```cpp
float t = bmp.readTemperature();
float p = bmp.readPressure();
if (isnan(p) || isnan(t)) {
  Serial.println("Failed to read from BMP sensor!");
  return;
}
p *= 0.00750062;
Blynk.virtualWrite(V6, t);
Blynk.virtualWrite(V5, p);
// Read data from the sensor and send it to the virtual channel here.
// You can write data using virtualWrite or other Cayenne write functions.
// For example, to send a temperature in Celsius you can use the following:
// Cayenne.virtualWrite(VIRTUAL_PIN, 25.5, TEMPERATURE, CELSIUS);
Serial.println(t);
Serial.println(p);
}


void sendMQ2() {
digitalWrite(MQ_power,HIGH);
delay(500);
long iPPM_LPG = 0;
long iPPM_CO = 0;
long iPPM_Smoke = 0;

iPPM_LPG = MQGetGasPercentage(MQRead(MQ_PIN) / Ro, GAS_LPG);
iPPM_CO = MQGetGasPercentage(MQRead(MQ_PIN) / Ro, GAS_CO);
iPPM_Smoke = MQGetGasPercentage(MQRead(MQ_PIN) / Ro, GAS_SMOKE);


Serial.println("Concentration of gas
"); Serial.print("LPG: ");
Serial.print(iPPM_LPG);
Serial.println(" ppm");
Serial.print("CO: ");
Serial.print(iPPM_CO);
Serial.println(" ppm");
Serial.print("Smoke: ");
Serial.print(iPPM_Smoke);
Serial.println(" ppm");

Blynk.virtualWrite(V8, iPPM_CO);
```

```cpp
  Blynk.virtualWrite(V7, iPPM_LPG);
  Blynk.virtualWrite(V9, iPPM_Smoke);

  digitalWrite(MQ_power,LOW);
  delay(200);
}

void setup()
{
  // Debug console
  Serial.begin(9600);

  // Set ESP8266 baud rate
  EspSerial.begin(ESP8266_BAUD);
  delay(10);

  Blynk.begin(auth, wifi, ssid, pass);
  // You can also specify server:
  //Blynk.begin(auth, wifi, ssid, pass, "blynk-cloud.com", 80);
  //Blynk.begin(auth, wifi, ssid, pass, IPAddress(192,168,1,100), 8080);
  pinMode(MQ_PIN, INPUT);
  pinMode(MQ_power, OUTPUT);
  dht.begin();
  bmp.begin();
  // Setup a function to be called every second
  timer_dht.setInterval(15000L, sendDHT);
  timer_bmp.setInterval(9000L, sendBMP);
  timer_mq2.setInterval(12000L, sendMQ2);
}

void loop()
{
  Blynk.run();
  timer_dht.run();
  timer_bmp.run();
  timer_mq2.run();
}

/***************** MQResistanceCalculation
```

Input: raw_adc - raw value read from adc, which represents the voltage Output: the calculated sensor resistance
Remarks: The sensor and the load resistor forms a voltage divider. Given the voltage across the load resistor and its resistance, the resistance of the sensor could be derived.

```
*************************************************************************
***************/
float MQResistanceCalculation(int raw_adc)
{
  return ( ((float)RL_VALUE * (1023 - raw_adc) / raw_adc));
}


/*************************** MQCalibration
****************************************

 * Input:mq_pin - analog channel
 Output: Ro of the sensor
 Remarks: This function assumes that the sensor is in clean air. It use
     MQResistanceCalculation to calculates the sensor resistance in clean
     air and then divides it with RO_CLEAN_AIR_FACTOR.

RO_CLEAN_AIR_FACTOR is about
     10, which differs slightly between different sensors.


*************************************************************************
***************/

float MQCalibration(int mq_pin)
{
  int i;
  float val = 0;

  for (i = 0; i < CALIBARAION_SAMPLE_TIMES; i++) {//take
multiple samples
    val += MQResistanceCalculation(analogRead(mq_pin));
    delay(CALIBRATION_SAMPLE_INTERVAL);
  }
  val = val / CALIBARAION_SAMPLE_TIMES;          //calculate the
average value
  val = val / RO_CLEAN_AIR_FACTOR;               //divided
```

by RO_CLEAN_AIR_FACTOR yields the Ro
  return val;   //according to the chart in the datasheet

}

/*************************** MQRead
****
 *

Input: mq_pin - analog channel
  Output: Rs of the sensor
  Remarks: This function use MQResistanceCalculation to caculate the sensor
resistenc (Rs).
        The Rs changes as the sensor is in the different consentration of the target
        gas. The sample times and the time interval between samples could be
configured by changing the definition of the macros.

****
***************/

```
float MQRead(int mq_pin)
{
  int i;
  float rs = 0;

  for (i = 0; i < READ_SAMPLE_TIMES; i++) {
   rs += MQResistanceCalculation(analogRead(mq_pin));
   delay(READ_SAMPLE_INTERVAL);
  }

  rs = rs / READ_SAMPLE_TIMES;


  return rs;
}
```

/**************************** MQGetGasPercentage
****

Input: rs_ro_ratio - Rs divided by Ro
       gas_id   - target gas
  type Output: ppm of the

target gas
Remarks: This function passes different curves to the MQGetPercentage function which
     calculates the ppm (parts per million) of the target gas.
****
***************/

```c
long MQGetGasPercentage(float rs_ro_ratio, int gas_id)
{
  if ( gas_id == GAS_LPG ) {
   return MQGetPercentage(rs_ro_ratio, LPGCurve);
  } else if ( gas_id == GAS_CO ) {
   return MQGetPercentage(rs_ro_ratio, COCurve);
  } else if ( gas_id == GAS_SMOKE ) {
   return MQGetPercentage(rs_ro_ratio, SmokeCurve);
  }

  return 0;
}
```

/****************************** MQGetPercentage
****
  Input: rs_ro_ratio - Rs divided by Ro
          pcurve- pointer to the curve of the target
  gas Output: ppm of the target gas
  Remarks: By using the slope and a point of the line. The x(logarithmic value of
ppm) of the line could be derived if y(rs_ro_ratio) is provided. As it is a
logarithmic coordinate, power of 10 is used to convert the result to non-
logarithmic value.

****
***************/

```c
long MQGetPercentage(float rs_ro_ratio, float *pcurve)
{
  return (pow(10, ( ((log(rs_ro_ratio) - pcurve[1]) / pcurve[2]) + pcurve[0])));
}
```

REFERÊNCIAS

[1]   . C.Swati Dhingra; Rajasekhara Babu Madda; Amir H. Gandomi; Rizwan Patan; Mahmoud Daneshmand, "Sistema de monitorização do ambiente da indústria móvel da Internet das Coisas (IoT-MobEnvironment)", *IEEE Internet of Things Journal,* vol. 6, no. 3, pp. 5577-5584, (2019)

[2]   . Yangwen Yu; James J. Q. Yu; Victor O. K. Li; Jacqueline C. K. Lam, "A Nova abordagem de interpolação-SVT para recuperar dados de qualidade ambiental de baixa classificação em falta", *IEEE Access,* vol. 8, pp. 74291-74305, (2020)

[3]   . Chen Song; Guoyan Huang; Bing Zhang; Bo Yin; Huifang Lu, "Modelação

Comportamento de transmissão do ambiente industrial como rede complexa e estação de monitoramento de chaves de mineração", *IEEE Access*, vol. 7, pp. 121245 121254,(2019).

[4]   . Zikun Deng, Di Weng, Jiahui Chen, Ren Liu, Zhibin Wang, Jie Bao, Yu Zheng e Yingcai Wu, "Environment Vis: Visual Analytics of Industry environment Propagation", *IEEE Transactions on Visualization and ComputerGraphics,* vol. 26, n.º 1, pp. 800-810, (2020).

[5]   . Tong Liu, Yanmin Zhu, Yuanyuan Yang e Fan Ye, "ALC^2 : When Active Learning Meets Compressive Crowdsensing for Urban Industry environment Monitoring", *IEEE Internet of Things Journal*, vol. 6, no. 6, pp. 9427-9438, (2019).

[6]   . Qilong Han, Peng Liu, Haitao Zhang, Zhipeng Cai, "A Wireless SensorNetwork for Monitoring Environmental Quality in the Manufacturing Industry", *IEEE Access,* vol. 7, pp. 78108-78119, (2019).

[7]   . Thomas Becnel, Kyle Tingey, Jonathan Whitaker, Tofigh Sayahi, Katrina Lê, Pascal Goffin, Anthony Butterfield, Kerry Kelly e Pierre-Emmanuel Gaillardon, "A Distributed Low-Cost Pollution Monitoring Platform", *IEEE Internet of Things Journal,* vol. 6, n.º 6, pp. 10738-10748, (2019).

[8]   . Chenxi Sun, Victor O. K. Li, Jacqueline C. K. Lam, Ian Leslie, "Optimal Colocação de Sensores Centrados no Cidadão para Monitorização da Qualidade do Ambiente: A Case Study of City of Cambridge, the United Kingdom", *IEEE Access*, vol. 7, pp. 47390-47400, (2019).

[9]   . Rao Wang, Qingyong Li, Haomin Yu, Zechuan Chen, Yingjun Zhang, Ling

Zhang, Houxin Cui e Ke Zhang, "A Category-Based Calibration Approach With Fault Tolerance for Environment Monitoring Sensors", *IEEE Sensors*

Journal, vol. 20, n.º 18, pp. 10756-10765, (2020)

I want morebooks!

Buy your books fast and straightforward online - at one of world's fastest growing online book stores! Environmentally sound due to Print-on-Demand technologies.

Buy your books online at
www.morebooks.shop

Compre os seus livros mais rápido e diretamente na internet, em uma das livrarias on-line com o maior crescimento no mundo! Produção que protege o meio ambiente através das tecnologias de impressão sob demanda.

Compre os seus livros on-line em
www.morebooks.shop

Printed by Books on Demand GmbH, Norderstedt / Germany